河南省工程建设标准

机制砂混凝土生产与应用技术标准

Technical standard for application of manufactured sand concrete

DBJ41/T 231-2020

主编单位:河南省建筑科学研究院有限公司

批准单位:河南省住房和城乡建设厅

施行日期:2020 年 8 月

黄河水利出版社

郑 州

图书在版编目(CIP)数据

机制砂混凝土生产与应用技术标准/河南省建筑科学研究院有限公司主编. —郑州:黄河水利出版社,2020.9
ISBN 978-7-5509-2833-6

Ⅰ.①机…　Ⅱ.①河…　Ⅲ.①混凝土-技术操作规程-河南　Ⅳ.①TU528-65

中国版本图书馆 CIP 数据核字(2020)第 186589 号

出 版 社:黄河水利出版社
　　地址:河南省郑州市顺河路黄委会综合楼 14 层　邮政编码:450003
发行单位:黄河水利出版社
　　发行部电话:0371-66026940、66020550、66028024、66022620(传真)
　　E-mail:hhslcbs@126.com
承印单位:郑州豫兴印刷有限公司
开本:850 mm×1 168 mm　1/32
印张:1.5
字数:37 千字
版次:2020 年 9 月第 1 版　　印次:2020 年 9 月第 1 次印刷

定价:32.00 元

河南省住房和城乡建设厅文件

公告〔2020〕71号

关于发布工程建设标准《机制砂混凝土生产与应用技术标准》的公告

现批准《机制砂混凝土生产与应用技术标准》为我省工程建设地方标准,编号为 DBJ41/T 231-2020,自 2020 年 8 月 1 日起在我省施行。

本标准在河南省住房和城乡建设厅门户网站(www. hnjs. gov. cn)公开,由河南省住房和城乡建设厅负责管理。

河南省住房和城乡建设厅

2020 年 7 月 1 日

前　言

根据河南省住房和城乡建设厅《关于印发〈2020年工程建设地方标准制定、修订计划〉的通知》的要求，标准编制组经深入调查研究，认真总结实践经验，并在广泛征求意见的基础上编制了本标准。

本标准主要内容有总则、术语、基本规定、原材料质量控制、机制砂混凝土性能、配合比设计、生产与施工、混凝土工程验收。

本标准由河南省住房和城乡建设厅负责管理，由河南省建筑科学研究院有限公司负责具体内容的解释。执行过程中如有意见或建议，请寄送：河南省建筑科学研究院有限公司（地址：郑州市金水区丰乐路4号，邮政编码：450053）。

主编单位：河南省建筑科学研究院有限公司

参编单位：郑州市散装水泥办公室

郑州市工程质量监督站

河南省建筑工程质量检验测试中心站有限公司

中国水利水电第十一工程局有限公司

郑州市安信混凝土有限公司

周口公正建设工程检测咨询有限公司

济源市建筑工程质量监督站

郑州腾飞预拌商品混凝土有限公司

经纬建材有限公司

主要起草人员：李美利　李　爽　杜　沛　崔子阳　吕现文
张光海　刘中峡　杨志伟　杨伟伟　肖宇领
易　鹏　栗　潮　孙大成　杨付增　王　华
郑亚林　苏浏峰　李占义　贾志宏　李雅楠
周　祎　郝　立　赵　威　王　琦　周　浩

主要审查人员：郭院成　谢继义　白召军　唐碧凤　杨力远
王学勤　海　然　唐伟东　马淑霞

目　次

1　总　则 …………………………………………………… 1
2　术　语 …………………………………………………… 2
3　基本规定 ………………………………………………… 3
4　原材料质量控制 ………………………………………… 4
　4.1　细骨料 ……………………………………………… 4
　4.2　水　泥 ……………………………………………… 8
　4.3　粗骨料 ……………………………………………… 9
　4.4　矿物掺和料 ………………………………………… 9
　4.5　外加剂……………………………………………… 10
　4.6　拌和用水…………………………………………… 10
5　机制砂混凝土性能……………………………………… 11
　5.1　拌和物性能………………………………………… 11
　5.2　力学性能…………………………………………… 12
　5.3　长期性能和耐久性能……………………………… 12
6　配合比设计……………………………………………… 14
　6.1　一般规定…………………………………………… 14
　6.2　配合比确定………………………………………… 14
7　生产与施工……………………………………………… 16
　7.1　一般规定…………………………………………… 16
　7.2　混凝土计量与搅拌………………………………… 16
　7.3　拌和物运输………………………………………… 17

7.4 混凝土养护 …………………………………………………… 17
8 混凝土工程验收 ………………………………………………… 19
本标准用词说明 …………………………………………………… 20
引用标准名录 ……………………………………………………… 21
条文说明 …………………………………………………………… 23

1 总 则

1.0.1 为规范机制砂混凝土的生产与工程应用，做到技术先进，经济合理，确保工程质量，特制定本标准。

1.0.2 本标准适用于建设工程中机制砂混凝土的配制及应用。

1.0.3 机制砂混凝土的生产与工程应用除应符合本标准的要求外，尚应符合国家现行有关标准的规定。

2 术 语

2.0.1 机制砂 manufactured sand

岩石、卵石、建筑固体废弃物、矿山尾矿或工业废渣等经除土处理，由机械破碎、整形、筛分、粉料控制等工艺制成的，粒径小于4.75 mm 的颗粒，但不包括软质、风化的岩石颗粒。

2.0.2 岩石、卵石机制砂 manufactured sand from nature rock and pebble

由岩石、卵石机械破碎、整形、筛分、粉料控制等工艺制成的，粒径小于 4.75 mm 的颗粒，但不包括软质、风化的岩石颗粒。

2.0.3 再生机制砂 manufactured sand from recycled aggregate

由建(构)筑废弃物中的混凝土、砂浆、石或砖等加工而成的机制砂。

2.0.4 矿山尾矿机制砂 manufactured sand from mine tailings

由处理过的矿山尾矿加工而成的机制砂。

2.0.5 混合砂 mixed sand

由机制砂和天然砂混合或不同种类、不同规格机制砂混合制成的砂。

2.0.6 机制砂普通混凝土 manufactured sand ordinary concrete

用机制砂作为细骨料配制的强度等级不高于 C55，干表观密度为 2 000~2 800 kg/m^3 的混凝土。

2.0.7 机制砂高强混凝土 high strength manufactured sand concrete

用机制砂作为细骨料配制的强度等级不低于 C60 的混凝土。

3 基本规定

3.0.1 应根据机制砂生产混凝土的强度等级要求选择相应的机制砂种类和类别。

3.0.2 机制砂混凝土的放射性应符合现行国家标准《建筑材料放射性核素限量》GB 6566 的规定。

3.0.3 机制砂混凝土的物理力学性能设计参数可按现行的混凝土结构设计规范或者相应领域设计规范取值。

3.0.4 机制砂混凝土的收缩性能、早期抗裂性能、抗冻性能、抗渗性能、抗碳化性能、抗氯离子渗透性能、抗硫酸盐腐蚀性能和徐变等耐久性能应满足设计要求。

3.0.5 对于有预防混凝土碱骨料反应设计要求的工程,应按现行国家标准《预防混凝土碱骨料反应技术规范》GB/T 50733 的规定执行。

3.0.6 生产机制砂普通混凝土时,机制砂的细度模数宜控制在2.3~3.7 范围内;生产机制砂高强混凝土时,机制砂的细度模数宜控制在 2.6~3.2 范围之内。

3.0.7 当机制砂与天然砂混合使用时,天然砂的质量应符合现行国家标准《建设用砂》GB/T 14684 的规定。

3.0.8 当不同种类、不同规格机制砂混合使用时,混合砂的细度模数宜控制在 2.3~3.0 范围内。

3.0.9 当使用机制砂与天然砂的混合砂配制混凝土时,应按河南省工程建设标准《混合砂混凝土应用技术规程》DBJ41/T 048 的规定执行。

4 原材料质量控制

4.1 细骨料

4.1.1 机制砂的颗粒级配应处于表4.1.1中的任何一个区以内。

表4.1.1 颗粒级配

公称粒径（mm）	累计筛余（%）		
	Ⅰ区	Ⅱ区	Ⅲ区
4.75	10~0	10~0	10~0
2.36	35~5	25~0	15~0
1.18	65~35	50~10	25~0
0.60	85~71	70~41	40~16
0.30	95~80	92~70	85~55
0.15	97~85	94~80	94~75

注：1. 机制砂的实际颗粒级配与表中所列数字相比，除4.75 mm和0.60 mm筛档外，可以略有超出，但超出总量应小于5%。

2. Ⅰ区机制砂中0.15 mm筛孔的累计筛余可以放宽到100%~85%，Ⅱ区机制砂中0.15 mm筛孔的累计筛余可以放宽到100%~80%，Ⅲ区机制砂中0.15 mm筛孔的累计筛余可以放宽到100%~75%。

3. 当机制砂的实际颗粒级配不符合表4.1.1的规定时，宜采取相应的技术措施，并经试验证明能确保混凝土质量后，方可允许使用。

4.1.2 Ⅰ类机制砂级配区宜控制在Ⅱ区；Ⅱ类机制砂和Ⅲ类机制砂的级配区可在Ⅰ区、Ⅱ区和Ⅲ区的任一区。

4.1.3 岩石或卵石机制砂和矿山尾矿机制砂的 *MB* 值不宜大于 1.4。Ⅰ类机制砂的 *MB* 值不应大于 1.4。

4.1.4 机制砂中的石粉含量和微粉含量应符合下列规定：

1 岩石或卵石机制砂和矿山尾矿机制砂的石粉含量应符合表 4.1.4-1 的规定。

表 4.1.4-1 岩石或卵石机制砂和矿山尾矿机制砂的石粉含量

类别		Ⅰ类	Ⅱ类	Ⅲ类
石粉含量（%）	*MB* 值<1.2(合格)	≤7.0	≤12.0	≤15.0
	MB 值<1.4(合格)	≤5.0	≤7.0	≤10.0
	MB 值≥1.4(不合格)	—	≤3.0	≤5.0

注：*MB* 值为机制砂中亚甲蓝测定值。

2 再生机制砂微粉含量应符合表 4.1.4-2 的规定。

表 4.1.4-2 再生机制砂微粉含量

类别		Ⅰ类	Ⅱ类	Ⅲ类
微粉含量（%）	*MB* 值<1.4(合格)	≤5.0	≤7.0	≤10.0
	MB 值≥1.4(不合格)	≤1.0	≤3.0	≤3.0

4.1.5 机制砂中的泥块含量应符合下列规定：

1 岩石或卵石机制砂和矿山尾矿机制砂的泥块含量应符合表 4.1.5-1 的规定。

表 4.1.5-1 岩石或卵石机制砂和矿山尾矿机制砂的泥块含量

类别	Ⅰ类	Ⅱ类	Ⅲ类
泥块含量(%)	≤0	≤0.5	≤1.0

2 再生机制砂的泥块含量应符合表 4.1.5-2 的规定。

表 4.1.5-2 再生机制砂的泥块含量

类别	Ⅰ类	Ⅱ类	Ⅲ类
泥块含量(%)	≤0.5	≤1.0	≤2.0

4.1.6 机制砂中的有害物质含量应符合下列规定：

1 岩石或卵石机制砂和矿山尾矿机制砂的有害物质含量应符合表 4.1.6-1 的规定。

表 4.1.6-1 岩石或卵石机制砂和矿山尾矿机制砂的有害物质含量

<table>
<tr><th>类别</th><th>Ⅰ类</th><th>Ⅱ类</th><th>Ⅲ类</th></tr>
<tr><td>云母(%)</td><td>≤1.0</td><td colspan="2">≤2.0</td></tr>
<tr><td>轻物质(%)</td><td colspan="3">≤1.0</td></tr>
<tr><td>有机物</td><td colspan="3">合格</td></tr>
<tr><td>硫化物及硫酸盐
(按 SO_3 质量计)(%)</td><td colspan="3">≤0.5</td></tr>
<tr><td>氯化物
(以氯离子质量计)(%)</td><td>≤0.01</td><td>≤0.02</td><td>≤0.06</td></tr>
</table>

2 再生机制砂的有害物质含量应符合表 4.1.6-2 的规定。

表 4.1.6-2　再生机制砂的有害物质含量

项目	质量指标
云母(%)	<2.0
轻物质(%)	<1.0
有机物	合格
硫化物及硫酸盐(按 SO_3 质量计)(%)	<2.0
氯化物(以氯离子质量计)(%)	<0.06

4.1.7　机制砂的坚固性应采用硫酸钠溶液法检验,试样经 5 次循环后,其质量损失应符合表 4.1.7 的规定。

表 4.1.7　机制砂的坚固性指标

类别	Ⅰ类	Ⅱ类	Ⅲ类
质量损失(%)	≤8.0		≤10.0

4.1.8　机制砂的压碎指标应符合表 4.1.8 的规定。

表 4.1.8　机制砂的压碎指标

类别	Ⅰ类	Ⅱ类	Ⅲ类
单级最大压碎指标(%)	≤20	≤25	≤30

4.1.9　机制砂的表观密度、松散堆积密度、空隙率宜符合下列规定:

1　岩石或卵石机制砂和矿山尾矿机制砂的表观密度、松散堆积密度、空隙率应符合表 4.1.9-1 的规定。

表 4.1.9-1 岩石或卵石机制砂和矿山尾矿机制砂的表观密度、松散堆积密度、空隙率

项目	质量指标
表观密度(kg/m³)	≥2 500
松散堆积密度(kg/m³)	≥1 400
空隙率(%)	≤45

2 再生机制砂的表观密度、堆积密度、空隙率应符合表 4.1.9-2 的规定。

表 4.1.9-2 再生机制砂的表观密度、堆积密度、空隙率

项目	Ⅰ类	Ⅱ类	Ⅲ类
表观密度(kg/m³)	≥2 450	≥2 350	≥2 250
堆积密度(kg/m³)	≥1 350	≥1 300	≥1 200
空隙率(%)	<46	<48	<52

4.1.10 机制砂应进行碱活性检验,并应符合现行国家标准《预防混凝土碱骨料反应技术规范》GB/T 50733 的技术要求。

4.2 水 泥

4.2.1 机制砂混凝土宜选用通用硅酸盐水泥,其性能指标应符合现行国家标准《通用硅酸盐水泥》GB 175 的规定;当采用其他品种水泥时,其性能应符合国家现行有关标准的规定。

4.2.2 应根据工程特点、施工的环境条件和要求以及混凝土的强度等级选择水泥的品种及强度等级。

4.2.3 水泥进厂时必须具有质量证明文件,对进场水泥应按现行国家标准的规定批量检验其强度、安定性和凝结时间,若有要求还应检验其他指标,检验合格后方可使用。

4.2.4 水泥应使用散装水泥，并宜相对固定水泥生产厂家。机制砂混凝土生产企业应对进厂的散装水泥进行温度监控，水泥入机温度不宜超过 60 ℃。

4.3 粗骨料

4.3.1 粗骨料质量应符合现行国家标准《建设用卵石、碎石》GB/T 14685 或行业标准《普通混凝土用砂、石质量及检验方法标准》JGJ 52 的规定。当用于交通、水利等行业时，机制砂混凝土中粗骨料质量尚应符合相应行业标准的规定。

4.3.2 粗骨料应采用连续粒级的碎石或卵石。当颗粒级配不符合要求时，宜采用多级配组合的方式进行试验调整。

4.3.3 粗骨料进厂时应具有质量证明文件，对进场粗骨料应按现行国家或行业标准的规定批量进行检验，检验合格后方可使用。

4.4 矿物掺和料

4.4.1 粒化高炉矿渣粉、天然沸石粉、钢渣粉、硅灰和磷渣粉应分别符合《用于水泥、砂浆和混凝土中的粒化高炉矿渣粉》GB/T 18046、《天然沸石粉在混凝土与砂浆中应用技术规程》JGJ/T 112、《用于水泥和混凝土中的钢渣粉》GB/T 20491、《砂浆和混凝土用硅灰》GB/T 27690 和《磷渣混凝土应用技术规程》JGJ/T 308 的规定。

4.4.2 粉煤灰作为矿物掺和料时，宜采用符合现行国家标准《用于水泥和混凝土中的粉煤灰》GB/T 1596 规定的Ⅰ级或Ⅱ级粉煤灰，并应符合现行国家标准《粉煤灰混凝土应用技术规范》GB/T 50146 的要求。

4.4.3 矿物掺和料进厂时应具有质量证明文件，并应按相应标准的规定批量进行检验，检验合格后方可使用。其掺量应符合有关规定并通过试验确定。

4.4.4 矿物掺和料可单独使用，也可混合使用，并应分别符合相关标准的规定。

4.5 外加剂

4.5.1 机制砂混凝土用外加剂应符合现行国家标准《混凝土外加剂应用技术规范》GB 50119、《混凝土外加剂》GB 8076、《聚羧酸系高性能减水剂》JG/T 223、《混凝土膨胀剂》GB/T 23439、《混凝土防冻剂》JC/T 475 和《砂浆、混凝土防水剂》JC/T 474 等的规定。

4.5.2 外加剂进厂时应具有质量证明文件,并应按相应标准的规定批量进行检验,检验合格后方可使用。其掺量应符合有关规定并通过试验确定。

4.6 拌和用水

4.6.1 机制砂混凝土拌和用水应符合现行国家标准《混凝土用水标准》JGJ 63 的规定。

4.6.2 当使用经沉淀或压滤处理的生产废水单独或与其他混凝土拌和用水按实际生产用比例混合后用作混凝土拌和用水时,水质均应符合现行行业标准《混凝土用水标准》JGJ 63 的规定。

5 机制砂混凝土性能

5.1 拌和物性能

5.1.1 机制砂混凝土拌和物应具有良好的黏聚性、保水性和流动性，不得离析和泌水。

5.1.2 机制砂混凝土拌和物坍落度和扩展度应满足设计和施工要求；泵送机制砂混凝土坍落度经时损失不宜大于 30 mm/h；自密实机制砂混凝土的扩展度控制目标值不宜小于 550 mm。混凝土拌和物性能试验方法应符合现行国家标准《普通混凝土拌合物性能试验方法标准》GB/T 50080 或行业标准《水工混凝土试验规程》SL 352 和《公路工程水泥及混凝土试验规程》JTG E30 的规定。

5.1.3 机制砂混凝土拌和物凝结时间应满足设计、施工和混凝土性能要求。

5.1.4 机制砂混凝土拌和物宜具有良好的早期抗裂性能。机制砂混凝土的早期抗裂性能的试验方法应符合现行国家标准《普通混凝土长期性能和耐久性能试验方法标准》GB/T 50082 的规定。

5.1.5 机制砂混凝土拌和物的水溶性氯离子最大含量应符合表 5.1.5 的规定。混凝土拌和物的水溶性氯离子含量测定宜按现行行业标准《水运工程混凝土试验检测技术规范》JTS/T 236 中的快速测定方法进行测定。

5.1.6 机制砂混凝土拌和物的总碱含量应符合现行国家标准《混凝土结构设计规范》GB 50010 或相关领域的行业标准规定，以及设计的要求。总碱含量的计算按现行国家标准《预防混凝土碱骨料反应技术规范》GB/T 50733 的规定进行。

表 5.1.5 机制砂混凝土拌和物的水溶性氯离子最大含量

<table>
<tr><th rowspan="2">环境条件</th><th colspan="3">水溶性氯离子最大含量
（胶凝材料用量的质量百分比,%）</th></tr>
<tr><th>钢筋混凝土</th><th>预应力混凝土</th><th>素混凝土</th></tr>
<tr><td>干燥环境</td><td>0.30</td><td rowspan="4">0.06</td><td rowspan="4">1.00</td></tr>
<tr><td>潮湿但不含氯离子的环境</td><td>0.20</td></tr>
<tr><td>潮湿且含有氯离子的环境</td><td>0.10</td></tr>
<tr><td>腐蚀环境</td><td>0.06</td></tr>
</table>

5.2 力学性能

5.2.1 机制砂混凝土强度等级应按立方体抗压强度标准值确定。强度等级应划分为 C10、C15、C20、C25、C30、C35、C40、C45、C50、C55、C60、C65、C70、C75、C80、C85、C90、C95 和 C100。强度检验评定应按现行国家标准《混凝土强度检验评定标准》GB/T 50107 进行评定。

5.2.2 机制砂混凝土的强度标准值、强度设计值、弹性模量、轴心抗压强度与轴心抗拉疲劳强度设计值、疲劳变形模量等应符合现行国家标准《混凝土结构设计规范》GB 50010 的规定。机制砂混凝土力学性能应符合现行国家标准《混凝土物理力学性能试验方法标准》GB/T 50081 或行业标准《水工混凝土试验规程》SL 352 和《公路工程水泥及混凝土试验规程》JTG E30 的规定，并应满足设计要求。

5.3 长期性能和耐久性能

5.3.1 机制砂混凝土的收缩和徐变性能应符合设计要求。机制砂混凝土的收缩和徐变性能试验方法应符合现行国家标准《普通混凝土长期性能和耐久性能试验方法标准》GB/T 50082 或行业标准《水工混凝土试验规程》SL 352、《水运工程混凝土试验检测技术规范》JTS/T 236 和《公路工程水泥及混凝土试验规程》JTG E30 的有关规定。

5.3.2 机制砂混凝土抗渗性能、抗冻性能、抗碳化性能、抗氯离子渗透性能及抗硫酸盐腐蚀性能等耐久性能应满足设计要求。试验方法应符合现行国家标准《普通混凝土长期性能和耐久性能试验方法标准》GB/T 50082 或行业标准《水工混凝土试验规程》SL 352、《水运工程混凝土试验检测技术规范》JTS/T 236 和《公路工程水泥及混凝土试验规程》JTG E30 的有关规定。

5.3.3 机制砂混凝土抗渗性能、抗冻性能、抗碳化性能、抗氯离子渗透性能及抗硫酸盐腐蚀性能等耐久性能检验评定应按现行国家标准《混凝土耐久性检验评定标准》JGJ/T 193 进行评定。

5.3.4 机制砂混凝土长期性能和耐久性能等级划分应符合现行国家标准《混凝土质量控制标准》GB 50164 或现行行业标准的有关规定。

5.3.5 当设计无要求时，机制砂混凝土耐久性能应符合现行国家标准《混凝土结构耐久性设计标准》GB/T 50476 或现行行业标准的有关规定。

6 配合比设计

6.1 一般规定

6.1.1 机制砂混凝土配合比设计应根据混凝土强度等级、施工性能、力学性能、长期性能和耐久性能等要求，在满足施工要求和工程设计的条件下，遵循低水泥用量、低用水量和低收缩性能的原则。

6.1.2 对有抗裂性能要求的机制砂混凝土，应通过混凝土早期抗裂性能和收缩性能试验优选配合比。

6.1.3 配制混凝土时，宜采用细度模数为2.3~3.2的机制砂。

6.1.4 掺外加剂机制砂混凝土拌和物应进行坍落度经时损失试验，混凝土拌和物坍落度经时损失满足施工要求后方可使用。

6.2 配合比确定

6.2.1 机制砂混凝土配合比计算、试配、调整与确定应按现行行业标准《普通混凝土配合比设计规程》JGJ 55或相关行业标准的有关规定执行。

6.2.2 在配制机制砂混凝土时，在水胶比不变的情况下，每立方米混凝土用水量宜适当增加。

6.2.3 当采用相同细度模数的砂配制混凝土时，机制砂混凝土的砂率宜在天然砂混凝土砂率的基础上适当提高。当机制砂中细砂或石粉含量较高时，宜采用较低砂率。

6.2.4 机制砂中的天然砂或其他机制砂的掺和比例应通过试验确定，机制砂应混合均匀，机制砂的比例可参考式6.2.4计算：

$$\mu_f = \beta\mu_{f1} + (1-\beta)\mu_{f2} \tag{6.2.4}$$

式中 μ_f——混合砂的细度模数；

μ_{f1}、μ_{f2}——机制砂、天然砂或其他机制砂的细度模数；

β—— 机制砂占混合砂的比例。

6.2.5 在配制相同强度等级的混凝土时，机制砂混凝土的胶凝材料总量宜在天然砂混凝土胶凝材料总量的基础上适当提高；对于配制高强度机制砂混凝土，水泥和胶凝材料用量分别不宜大于 500 kg/m^3 和 600 kg/m^3。

6.2.6 对于掺加矿物掺和料的机制砂混凝土，矿物掺和料掺入量应根据掺和料品种与实际工程情况进行配合比试验后确定。

6.2.7 掺外加剂的机制砂混凝土，外加剂的品种与掺量应根据机制砂混凝土的强度等级、施工要求、运输距离、工程所处环境条件等因素经试验后确定，并应符合现行国家标准《混凝土外加剂应用技术规范》GB 50119 或相关现行行业标准的规定。

6.2.8 采用再生机制砂配制混凝土时，应按现行行业标准《再生骨料应用技术规程》JGJ/T 240 的规定进行配合比设计。

7 生产与施工

7.1 一般规定

7.1.1 机制砂混凝土的主要生产设备应符合现行国家标准《混凝土搅拌站(楼)》GB/T 10171 的规定,搅拌运输车应符合现行国家标准《混凝土搅拌运输车》GB/T 26408 的规定。

7.1.2 机制砂、粗骨料含水率的检验每工作班不应少于1次。当雨雪天气等外界影响导致骨料含水率变化时,应及时检验,并根据检验结果调整混凝土生产配合比,做好有关天气、生产、检验等记录。

7.1.3 机制砂混凝土运输、输送、浇筑过程中严禁加水。

7.1.4 生产浇筑同一部位的混凝土时,应使用同一厂家、同一品种、同一规格的水泥、外加剂及掺和料。

7.1.5 交货时,机制砂混凝土生产企业应向需方提供有关质量证明资料和混凝土使用说明书。

7.1.6 机制砂混凝土生产企业应定期使用统计方法进行统计分析,指导后续生产。

7.2 混凝土计量与搅拌

7.2.1 机制砂混凝土原材料计量应符合现行国家标准《预拌混凝土》GB/T 14902 的规定。

7.2.2 混凝土搅拌机应符合现行国家标准《混凝土搅拌机》GB/T 9142 的有关规定。

7.2.3 机制砂混凝土应采用强制式搅拌机搅拌,其搅拌时间应在天然砂混凝土搅拌时间的基础上适当延长,以保证出料均匀。但从全部材料投完算起不应少于30 s。

7.2.4 机制砂混凝土生产企业每年应对混凝土搅拌机搅拌匀质

性指标进行检查，并加大坍落度、扩展度的检验频率。机制砂混凝土坍落度和扩展度的实测值与控制目标值的允许偏差应符合表 7.2.4 的规定。

表 7.2.4 混凝土拌和物稠度允许偏差 （单位：mm）

项目	控制目标值	允许偏差
坍落度	≤40	±10
	50~90	±20
	≥100	±30
扩展度	≥350	±30

7.3 拌和物运输

7.3.1 机制砂混凝土的运输应符合现行国家标准《预拌混凝土》GB/T 14902、《混凝土质量控制标准》GB 50164、《混凝土结构工程施工规范》GB 50666 的规定。

7.3.2 机制砂混凝土的运输应满足施工现场泵送施工和连续浇筑的要求，并应符合现行行业标准《混凝土泵送施工技术规程》JGJ/T 10 的规定。

7.3.3 混凝土运输至浇筑现场时，不得出现离析或分层现象。

7.3.4 当确有必要调整混凝土的坍落度时，可在运输车罐内加入适量的与原配合比相同成分的减水剂，并快速搅拌均匀。

7.4 混凝土养护

7.4.1 机制砂混凝土的养护应按现行国家标准《混凝土质量控制标准》GB 50164 和《混凝土结构工程施工规范》GB 50666 中关于混凝土养护的要求执行。

7.4.2 机制砂混凝土振捣密实后，在终凝以前应抹压，并应在抹压后进行保湿养护。保湿养护可采用洒水、覆盖、喷雾、喷涂养护剂等方式。具体养护方式应根据施工条件、环境温度和湿度、构件特点、技术要求等因素确定。

7.4.3 冬季施工的机制砂混凝土采用自然养护时宜使用不透明的塑料薄膜覆盖或喷洒养护液。日均气温低于 5 ℃时,不得采取浇水自然养护方法,混凝土浇筑后,应立即采用塑料薄膜及保温材料覆盖。

7.4.4 掺用膨胀剂的机制砂混凝土,养护龄期不应少于 14 d。冬季施工时,对于墙体,带模养护不应少于 7 d。

7.4.5 大体积混凝土养护过程中应进行温度控制,混凝土内部和表面的温差不宜超过 25 ℃,混凝土表面与外界温差不宜大于 20 ℃;保温层拆除时,表面与环境最大温差不宜大于 20 ℃。

7.4.6 机制砂若用于蒸汽养护的钢筋混凝土和预应力钢筋混凝土构件,其养护时间和养护制度必须经过试验确定。

7.4.7 机制砂混凝土养护用水应符合现行行业标准《混凝土用水标准》JGJ 63 的规定。

8　混凝土工程验收

8.1　机制砂混凝土工程施工质量验收应符合现行国家标准《混凝土结构工程施工质量验收规范》GB 50204 的规定。

8.2　水利水电工程混凝土质量验收应符合现行行业标准《水工混凝土施工规范》SL 677 的规定。

8.3　高速公路混凝土工程施工质量验收应符合现行行业标准《公路工程质量检验评定标准 第一册 土建工程》JTG F80/1 的规定。

8.4　公路桥涵混凝土施工质量验收应符合现行行业标准《公路桥涵施工技术规范》JTG/T F50 的规定。

8.5　机制砂混凝土工程验收时，应符合本标准对混凝土长期性能和耐久性能的规定。

本标准用词说明

1 为便于在执行本标准条文时区别对待,对要求严格程度不同的词,说明如下:

1)表示很严格,非这样做不可的用词:

正面词采用“必须”,反面词采用“严禁”。

2)表示严格,在正常情况下均应这样做的用词:

正面词采用“应”,反面词采用“不应”或“不得”。

3)表示允许稍有选择,在条件许可时首先应这样做的用词:

正面词采用“宜”,反面词采用“不宜”。

2 条文中指明应按其他有关标准、规范执行时,写法为“应按……执行”或“应符合……要求或规定”。

引用标准名录

《通用硅酸盐水泥》GB 175
《用于水泥和混凝土中的粉煤灰》GB/T 1596
《建筑材料放射性核素限量》GB 6566
《混凝土外加剂》GB 8076
《混凝土搅拌机》GB/T 9142
《混凝土搅拌站(楼)》GB/T 10171
《建设用砂》GB/T 14684
《建设用卵石、碎石》GB/T 14685
《预拌混凝土》GB/T 14902
《用于水泥、砂浆和混凝土中的粒化高炉矿渣粉》GB/T 18046
《高强高性能混凝土用矿物外加剂》GB/T 18736
《用于水泥和混凝土中的钢渣粉》GB/T 20491
《混凝土膨胀剂》GB/T 23439
《混凝土搅拌运输车》GB/T 26408
《砂浆和混凝土用硅灰》GB/T 27690
《矿物掺合料应用技术规范》GB/T 51003
《混凝土结构设计规范》GB 50010
《普通混凝土拌合物性能试验方法标准》GB/T 50080
《混凝土物理力学性能试验方法标准》GB/T 50081
《普通混凝土长期性能和耐久性能试验方法标准》GB/T 50082
《混凝土强度检验评定标准》GB/T 50107
《混凝土外加剂应用技术规范》GB 50119
《粉煤灰混凝土应用技术规范》GB/T 50146
《混凝土质量控制标准》GB 50164
《混凝土结构工程施工质量验收规范》GB 50204

《混凝土结构耐久性设计标准》GB/T 50476
《混凝土结构工程施工规范》GB 50666
《预防混凝土碱骨料反应技术规范》GB/T 50733
《混凝土泵送施工技术规程》JGJ/T 10
《粉煤灰在混凝土和砂浆中应用技术规程》JGJ 28
《公路工程水泥及混凝土试验规程》JTG E30
《公路桥涵施工技术规范》JTG/T F50
《普通混凝土用砂、石质量及检验方法标准》JGJ 52
《普通混凝土配合比设计规程》JGJ 55
《混凝土用水标准》JGJ 63
《公路工程质量检验评定标准 第一册 土建工程》JTG F80/1
《天然沸石粉在混凝土与砂浆中应用技术规程》JGJ/T 112
《混凝土耐久性检验评定标准》JGJ/T 193
《聚羧酸系高性能减水剂》JG/T 223
《水运工程混凝土试验检测技术规范》JTS/T 236
《再生骨料应用技术规程》JGJ/T 240
《人工砂混凝土应用技术规程》JGJ/T 241
《水运工程混凝土试验规程》JTJ 270
《高强混凝土应用技术规程》JGJ/T 281
《混凝土防冻剂》JC/T 475
《磷渣混凝土应用技术规程》JGJ/T 308
《水工混凝土试验规程》SL 352
《砂浆、混凝土防水剂》JC/T 474
《水工混凝土施工规范》SL 677
《公路工程水泥混凝土用机制砂》JT/T 819
《混凝土和砂浆用天然沸石粉》JG/T 3048
《水工混凝土掺用磷渣粉技术规范》DL/T 5387
《混合砂混凝土应用技术规程》DBJ41/T 048

河南省工程建设标准

机制砂混凝土生产与应用技术标准

条　文　说　明

目　次

1　总　则…………………………………………………………… 25
2　术　语…………………………………………………………… 27
3　基本规定………………………………………………………… 28
4　原材料质量控制………………………………………………… 30
　4.2　水　泥……………………………………………………… 30
　4.3　粗骨料……………………………………………………… 30
　4.4　矿物掺和料………………………………………………… 30
　4.6　拌和用水…………………………………………………… 31
5　机制砂混凝土性能……………………………………………… 32
　5.1　拌和物性能………………………………………………… 32
　5.2　力学性能…………………………………………………… 33
　5.3　长期性能和耐久性能……………………………………… 33
6　配合比设计……………………………………………………… 34
　6.1　一般规定…………………………………………………… 34
　6.2　配合比确定………………………………………………… 34
7　生产与施工……………………………………………………… 36
　7.1　一般规定…………………………………………………… 36
　7.2　混凝土计量与搅拌………………………………………… 37
　7.3　拌和物运输………………………………………………… 37
　7.4　混凝土养护………………………………………………… 38
8　混凝土工程验收………………………………………………… 39

1 总 则

1.0.1 本条文说明了制定本标准的目的。

天然砂是一种不可再生的地方资源，随着国家基本建设规模的日益扩大和环境保护的逐步加强，天然砂资源的使用日益受到限制，而且经过几十年的开采，天然砂资源已经大为减少，部分地区几乎接近枯竭，混凝土用砂供需矛盾日益突出。随着混凝土技术的发展，现代混凝土对砂的技术要求也越来越高，特别是高强度等级和高性能混凝土对骨料的要求更为严格，能满足其要求的天然砂数量也越来越少。天然砂的开采会破坏地理环境，当某河段河砂被集中大量地开采后，必定会影响局部河势的变化，尤其是滥采行为不仅会给河道、河堤带来严重损害，还会影响河道的行洪安全和生态环境。此外，采砂时在江中留下的砂坑还会危及人民群众的生命安全，甚至会影响河水水质。由采砂引起崩岸的事例屡见不鲜，周边穿河、跨河、临河建筑受到直接或间接的破坏，危及堤防，影响河道防洪安全，阻碍航道畅通，并因此多次发生船舶碰撞、沉船事故。因此，采用机制砂逐渐替代天然河砂势在必行。

随着天然砂资源的日益趋紧和环境保护的日益增强，机制砂逐渐成为我国建设用砂的主要来源，但机制砂行业还面临着质量保障能力弱、产业结构不合理、绿色发展水平低、局部供求不平衡等突出问题。为贯彻落实《国务院办公厅关于促进建材工业稳增长调结构增效益的指导意见》（国办发〔2016〕34 号）和《建材工业发展规划（2016—2020 年）》（工信部规〔2016〕315 号），推进机制砂石行业高质量发展，2019 年 11 月 11 日，工业和信息化部、国家发展改革委、自然资源部、生态环境部、住房和城乡建设部、交通运输部、水利部、应急部、市场监管总局和国铁集团等国家十部门发布《关于推进机制砂石行业高质量发展的若干意见》（工信部联原

〔2019〕239号）。河南省人民政府于2019年10月29日再次发布“关于征求《河南省推广应用机制砂促进建设用砂规范发展的指导意见》修改意见的通知”公开征求修改意见。

为实现多措并举，因地制宜协同营造有利于机制砂行业健康可持续发展的环境，促进产业转型升级，推动行业高质量发展，意见要求“建立机制砂应用地方标准，依据国家标准，制定机制砂应用于河南省工业和民用建筑、交通工程、水利工程的产品质量标准、检验规程和机制砂混凝土的生产施工技术规程，使机制砂的生产和使用有章可循、有据可依”。

目前，国内关于机制砂的标准已经有国家标准《建设用砂》GB/T 14684 和行业标准《公路工程水泥混凝土用机制砂》JT/T 819，但各省（市）机制砂原材料存在较大差异，河南省还没有专门的机制砂在混凝土中应用的地方标准。为了使河南地区在配制和应用机制砂混凝土过程中做到有章可循、有据可依，减少盲目性，避免质量隐患或工程损失，确保混凝土质量，使机制砂达到合理利用，以及便于质量管理和监管部门的监管，制订本标准。

1.0.2 本条说明了标准的适用范围。本标准适用于河南省工业与民用建筑、交通工程、水利工程机制砂混凝土的生产、施工及资料验收。

2 术　语

2.0.6　本条中的机制砂普通混凝土是指以机制砂为全部细骨料所配制的强度等级不高于 C55、干表观密度为 2 000~2 800 kg/m^{3}的水泥混凝土。

2.0.7　本条中的机制砂高强混凝土是指以机制砂为全部细骨料所配制的强度等级不低于 C60 的混凝土。与现行国家标准《预拌混凝土》GB/T 14902、现行行业标准《高强混凝土应用技术规程》JGJ/T 281 和《公路桥涵施工技术规范》JTG/T F50 对高强混凝土强度值的规定相一致。

3 基本规定

3.0.1 机制砂按生产原料种类的不同分为：岩石或卵石机制砂、再生机制砂、矿山尾矿机制砂。岩石或卵石机制砂、矿山尾矿机制砂中的粗砂、中砂可单独生产混凝土。矿山尾矿机制砂中的细砂不宜单独生产混凝土。除再生机制砂外，Ⅰ类机制砂宜用于强度等级≥C60 的混凝土；Ⅱ类机制砂宜用于强度等级为 C35~C55 的混凝土；Ⅲ类机制砂宜用于强度等级≤C30 的混凝土或砂浆。

Ⅰ类再生机制砂可用于配制 C40 及以下强度等级的混凝土；Ⅱ类再生机制砂宜用于配制 C25 及以下强度等级的混凝土；Ⅲ类再生机制砂不宜用于配制结构混凝土。

3.0.3 机制砂混凝土的物理力学性能与天然砂配制的混凝土相近，其力学性能设计参数可按现行的混凝土结构设计规范或者公路、水利等相应领域设计规范取值。

3.0.4 本条规定了机制砂混凝土耐久性能的设计依据。当无设计要求时，机制砂混凝土的耐久性可按现行的混凝土耐久性设计规范或者公路、水利等相应领域设计规范取值。

3.0.5 本条规定了机制砂混凝土预防混凝土碱骨料反应的依据。混凝土一旦开始发生碱骨料破坏，很难治理，因此防止混凝土发生碱骨料反应破坏的最好方法是预防。

3.0.7 如果因为机制砂的粒形、级配原因，混凝土的工作性无法满足要求，可将机制砂和天然砂混合使用，混合要充分，保证混合砂均匀，本条要求天然砂的质量要符合现行国家标准《建设用砂》GB/T 14684 的要求。

3.0.8 如果因为机制砂的级配原因，混凝土的工作性无法满足要求，可将多种机制砂混合使用，混合要充分，保证混合砂均匀，混合砂的细度模数宜控制在 2.3~3.0 范围内，其细度模数上限有所降低。

3.0.9 河南省工程建设标准《混合砂混凝土应用技术规程》DBJ41/T 048 于 2016 年 11 月 1 日在河南省执行,它对混合砂的定义为机制砂与天然砂混合的砂,因此当使用机制砂与天然砂混合的混合砂配制混凝土时,应按现行地方行业标准《混合砂混凝土应用技术规程》DBJ41/T 048 的规定执行。

4 原材料质量控制

4.2 水 泥

4.2.2 随着机制砂使用的日渐推广，机制砂混凝土将大量出现在建筑工程的各个部位，因此根据工程特点、设计、施工要求及所处环境选择相应品种、强度等级的水泥，对混凝土质量起决定性的影响。

4.2.4 机制砂混凝土生产企业应相对固定水泥生产厂家，才能更好地熟悉水泥的性能，控制好混凝土生产质量。

水泥的使用温度直接影响混凝土拌和物的温度，并影响混凝土的工作性能和体积稳定性，因此规定水泥温度不宜高于 60 ℃。

4.3 粗骨料

4.3.2 当粗骨料颗粒级配不能满足连续级配的要求时，宜采用两级配或多级配混合，以保证粗骨料为连续级配。

4.4 矿物掺和料

4.4.1 矿物掺和料种类多，和在混凝土中的作用不同，其控制指标各标准规定不统一，因此在使用矿物掺和料时，应按相应标准执行。同时可按《矿物掺合料应用技术规范》GB/T 51003、《高强高性能混凝土用矿物外加剂》GB/T 18736 和《混凝土和砂浆用天然沸石粉》JG/T 3048 执行。当水工混凝土掺磷渣粉时，也可按《水工混凝土掺用磷渣粉技术规范》DL/T 5387 执行。

4.4.2 为了确保机制砂混凝土的质量，本条规定机制砂混凝土应使用Ⅱ级以上的粉煤灰。

4.6 拌和用水

4.6.2 为了减少混凝土生产废水的排放,保护环境,鼓励企业对废水进行处理,并利用处理后的水拌制混凝土,做了本条规定。

5 机制砂混凝土性能

5.1 拌和物性能

5.1.1 机制砂混凝土拌和物工作性能是决定混凝土质量好坏的重要因素之一，因此在配制机制砂混凝土时，应保证混凝土好的黏聚性、保水性和流动性，不得离析和泌水。

5.1.2 机制砂中的细粉种类多，含量变化大，对机制砂混凝土的坍落度损失有较大影响，因此应加强对混凝土坍落度经时损失的控制。

5.1.4 由于机制砂混凝土早期失水快，混凝土早期收缩变形大，混凝土易早期抗裂，因此为了提高混凝土的质量和耐久性，应控制机制砂混凝土的早期抗裂性能。

5.1.5 现行国家标准《混凝土结构设计规范》GB 50010、《预拌混凝土》GB/T 14902 和《混凝土结构耐久性设计标准》GB/T 50476 等对不同环境下混凝土中氯离子最大含量做出相关规定；同时明确了机制砂混凝土中水溶性氯离子最大含量的测定方法可按现行行业标准《水运工程混凝土试验规程》JTJ 270 的规定进行。表 5.1.5 取自现行行业标准《人工砂混凝土应用技术规程》JGJ/T 241。

5.1.6 现行国家标准《混凝土结构设计规范》GB 50010 对不同环境下混凝土拌和物中的最大碱含量做出相关规定，如果水利、公路等相关领域的行业标准有规定，或设计有要求，应符合相关领域的行业标准规定，以及设计的要求。目前，还没有混凝土拌和物碱含量测量的标准方法，因此应根据混凝土组成材料的碱含量和材料用量，按现行国家标准 GB/T 50733 规定的方法计算混凝土拌和物中的最大碱含量。

5.2 力学性能

5.2.1 随着混凝土技术的提高和混凝土结构特点的变化，混凝土强度等级不断提高，参照《预拌混凝土》GB/T 14902 的规定，机制砂混凝土的强度等级划分为 C10～C100，并按现行国家标准《混凝土强度检验评定标准》GB/T 50107 进行强度检验评定。

5.2.2 明确了现行国家标准《混凝土结构设计规范》GB 50010 规定的混凝土力学性能指标同样适用于机制砂混凝土。

5.3 长期性能和耐久性能

5.3.1 本条主要为了强调现行国家标准《普通混凝土长期性能和耐久性能试验方法标准》GB/T 50082 适用于机制砂混凝土。

6 配合比设计

6.1 一般规定

6.1.1 遵循低水泥用量、低用水量和低收缩性能的混凝土配合比设计原则，是保证混凝土质量和经济性的重要技术措施，也符合现行国家标准《混凝土结构耐久性设计标准》GB/T 50476 中对混凝土的要求。

6.1.2 大量试验表明，机制砂混凝土早期失水快、收缩变形大，导致混凝土早期易开裂，因此机制砂混凝土配合比设计应优先选用早期抗开裂性能好且收缩变形小的混凝土配合比。

6.1.3 配制机制砂混凝土宜优先选用颗粒级配良好的机制砂，当单一机制砂的级配不良或细度模数不在 2.3~3.2 的范围时，应采用混合砂配制混凝土。

6.1.4 一般来说，机制砂中的细粉会吸附混凝土外加剂，导致机制砂混凝土拌和物的坍落度损失加快，因此掺外加剂机制砂混凝土拌和物应进行坍落度经时损失试验，混凝土拌和物坍落度经时损失满足施工要求后方可使用。

6.2 配合比确定

6.2.1 水工混凝土除普通混凝土外，还有如碾压混凝土、海水环境混凝土等，现行行业标准《水工混凝土试验规程》SL 352 有专门的水工混凝土配合比设计方法，因此应根据行业不同，选择不同的混凝土配合比设计方法。

6.2.2 与天然砂相比，一般来说，机制砂的颗粒表面粗糙，比表面积较大，因此在配制机制砂混凝土时，在水胶比不变的情况下，每立方米混凝土用水量宜比天然砂混凝土增加 5~10 kg。

6.2.3 与天然砂相比，一般来说，机制砂的颗粒表面粗糙，比表面积较大，在砂率和其他条件相同的情况下，机制砂混凝土的流动性较小，因此在保持机制砂混凝土的流动性相近时，应适当提高砂率。当机制砂中细砂或石粉含量较高时，合理砂率较小，在保证混凝土拌和物工作性良好的前提下，应选取较小的砂率，从而降低混凝土的干燥收缩，提高混凝土的弹性模量。

6.2.6 掺加粉煤灰的机制砂混凝土配合比设计除按照现行行业标准《普通混凝土配合比设计规程》JGJ 55 的规定进行外，还应按照《粉煤灰在混凝土和砂浆中应用技术规程》JGJ 28 的规定执行。对于使用钢渣、镍渣、磷渣等其他品种矿物掺和料时，应对混凝土性能进行试验，经确认其符合混凝土质量要求并对混凝土的各项性能无不良影响时方可使用。

6.2.7 外加剂的品种和掺量应根据工程实际情况和要求进行调整并经试验及技术经济比较后确定。

7 生产与施工

7.1 一般规定

7.1.1 生产设备影响机制砂混凝土的质量,因此应保证生产设备的性能符合国家标准的规定,并鼓励机制砂混凝土生产企业使用先进的、自动化程度高的生产设备。运输车辆的性能影响机制砂混凝土拌和物的质量,因此运输设备的性能应符合国家标准规定。

7.1.2 用水量严重影响混凝土的质量,因此应根据机制砂、粗骨料含水率的变化,及时调整混凝土的用水量。当雨雪天气等外界影响导致骨料含水率变化时,应及时、准确地测量天气变化引起的骨料含水率的变化,以便根据检验结果及时调整混凝土配合比,并应做好有关天气、生产、检验等记录。

7.1.4 为确保同一工程部位的混凝土性能一致,同一工程部位的混凝土应使用同一厂家、同一品种、同一规格的水泥、外加剂及矿物掺和料生产的机制砂混凝土。

7.1.5 在混凝土交货时,机制砂混凝土生产企业应向需方提供混凝土配合比设计报告、原材料检测报告及出厂合格证等技术资料,以及混凝土使用说明书或混凝土使用指南,指导施工企业使用,以利于保证混凝土施工后的质量。

7.1.6 机制砂混凝土生产企业定期进行混凝土质量统计分析,可以了解混凝土生产的质量水平,以及判定统计期内混凝土质量是否满足要求,因此混凝土生产企业应不断地积累经验,取得混凝土质量的统计数据,并进行统计分析,根据统计分析结果指导后续生产。

7.2 混凝土计量与搅拌

7.2.1 本条规定了机制砂混凝土的计量依据。计量设备的计量精度直接影响各种原材料的称量误差,从而影响混凝土的质量,《预拌混凝土》GB/T 14902 第 7.3.1~第 7.3.3 条分别对材料的计量方法、计量设备的要求以及混凝土原材料的计量允许偏差作了规定。

7.2.2 本条对机制砂混凝土的搅拌设备作了规定。混凝土搅拌机应符合现行国家标准的规定,并鼓励机制砂混凝土生产企业使用先进的、自动化程度高的搅拌设备。

7.2.3 与天然砂混凝土相比,机制砂混凝土的流动性较差,黏稠度较大,因此本条规定机制砂混凝土应采用强制式搅拌机搅拌,并适当延长搅拌时间,以保证混凝土拌和均匀。

7.2.4 控制混凝土搅拌机搅拌匀质性指标是保证混凝土质量均匀的重要因素,因此本条参考国内相关标准对机制砂混凝土坍落度和扩展度的实测值与控制目标值的允许偏差作了规定。

7.3 拌和物运输

7.3.1 本条规定了机制砂混凝土拌和物运输过程中的质量控制依据。

7.3.2 本条规定了机制砂混凝土拌和物泵送施工过程质量控制依据。

7.3.3 机制砂混凝土在运输过程中容易发生分层、离析,因此本条规定混凝土运输过程中应采取措施,防止离析、分层。

7.3.4 本条给出了混凝土在运输过程中坍落度损失过大、混凝土拌和物的性能不能满足施工要求时的一种正确处理方法。

7.4 混凝土养护

7.4.1 本条规定了机制砂混凝土养护过程中的质量控制依据。

7.4.2 为了防止机制砂混凝土早期水分散失过快，本条规定在混凝土终凝以前，在抹压后即采用洒水、覆盖、喷雾、喷涂养护剂等方式进行保湿养护。

7.4.3 本条规定了机制砂混凝土冬季养护的加强措施。为防止结冰对混凝土质量的影响，当日最低气温低于5 ℃时，不应采用洒水养护。

7.4.4 掺用膨胀剂的机制砂混凝土，应适当延长养护时间，本条规定了掺用膨胀剂的机制砂混凝土的养护龄期不应少于14 d。

7.4.5 浇筑大体积混凝土时，应制订混凝土养护方案，并根据养护施工方案，采取合理的措施，控制保持混凝土内部和外部的合理温差，有效地控制混凝土内部温度应力对混凝土结构的不利影响，减小混凝土产生裂缝的可能性。

8 混凝土工程验收

8.1~8.5 规定了机制砂混凝土在工业与民用建筑、交通工程、水利工程不同领域机制砂混凝土质量的验收依据。